PETIT GUIDE

DE

MARÉCHALERIE

Henri VERDIER

PETIT GUIDE

DE

Maréchalerie

MARÉCHALERIE H. VERDIER

Rue Chanzy et place du Marché-au-Blé

MANTES (S.-&-O.)

PRÉFACE

La Nature a fait du sabot un admirable chef-d'œuvre de perfection. Cet organe délicat, assez sensible pour ressentir les consistances variées du sol, possède avec sa sensibilité assez de force pour résister aux chocs les plus violents; une mauvaise ferrure même ne le détruira pas, mais elle le désorganisera, elle le privera de toutes ses qualités naturelles, elle en fera un bloc de corne incapable de résister à la fatigue, un mauvais point d'appui sur lequel le membre, ne reposant pas d'une manière verticale, se fatiguera vite et se couvrira de tares de toutes sortes.

On a très bien dit : « Pas de pied, pas de

cheval » ; ce qui signifie aussi sans doute : « Pas de membres, pas de cheval ».

La ferrure joue un si grand rôle dans la conservation des pieds et des membres qu'il est essentiellement utile que tout propriétaire de chevaux connaisse, d'une façon au moins superficielle, ce qu'on est convenu d'appeler la Maréchalerie. Cette opération, très facile en apparence, cache cependant des complications sérieuses ; en effet, le maréchal doit appliquer une lame de fer d'une force et d'un poids relativement énormes sur une faible partie de corne molle, dont l'épaisseur est à peine suffisante pour recouvrir des parties vivantes d'une infinie délicatesse, bien souvent la paroi n'a pas deux fois l'épaisseur de la lame du clou qui doit en la partageant en deux, la traverser dans sa longueur ; cependant cette tâche difficile est insignifiante, comparativement à celle qui consiste à connaître les défauts d'aplomb des pieds et des membres, l'irrégularité de la marche, la défectuosité de la corne, les défauts de conformation et de proportion, les maladies des pieds et des membres, qui demandent des fers spéciaux.

L'ouvrier doit être assez habile pour voir,

dans ces différents genres de défectuosité, des caractères dont l'assemblage forme une écriture qu'il doit savoir lire, un langage qu'il doit comprendre et auquel il doit répondre en donnant à chaque pied un fer rationnel.

Dans cet opuscule, je me propose d'expliquer, aussi brièvement et aussi clairement que possible, ces nombreuses imperfections et d'indiquer la ferrure qui convient à chacune d'elles.

PETIT GUIDE DE MARÉCHALERIE

Le beau pied

Il est absolument nécessaire de connaître le pied parfait pour pouvoir distinguer les défauts de celui qui ne l'est pas ; un bon maréchal doit en avoir l'empreinte gravée dans sa mémoire, l'image de ce chef-d'œuvre doit lui passer devant les yeux chaque fois qu'il prend ses outils pour parer un pied défectueux et ramener ses aplombs faussés vers ceux de ce modèle de perfection que l'on appelle le beau pied et qui constitue un support d'une solidité incomparable.

La corne du beau pied est lisse, transparente et noire; la corne blanche est réputée molle, cassante, sujette aux seimes, mais il y a de l'exagération ; il est, en effet, des pieds blancs qui ne laissent rien à désirer au point de vue de la qualité de corne.

La paroi ne doit pas présenter de dépressions ni de saillies circulaires ; ces défectuosités, appelées cercles, révèlent une muraille trop mince et souvent un pied souffrant et sujet aux seimes.

Vu de face. — Le beau pied présente deux côtés d'une égale longueur, sa forme conique n'est pas trop prononcée, une ligne droite, tirée du milieu du membre, le coupe en deux parties presque égales (le côté du dehors est un peu plus évasé) ; les pieds de derrière sont plus ovales et plus droits, les talons sont plus forts et plus larges. La différence de ces deux pieds est en rapport avec la différence de leurs fonctions.

Vu de profil.— De la pince aux talons, le bourrelet s'incline en pente douce et régulière ; la ligne des talons, parallèle avec celle de la pince, doit être moins penchée et avoir la moitié de sa longueur.

Vu de derrière. — Les talons sont de la même longueur et très écartés.

Vu en dessous. — L'outil en main, le maréchal passe sa vie penché sur cette figure dont les traits, toujours caractéristiques et différents, lui révèlent les aplombs du pied, ses aptitudes, son élasticité, ses prédispositions bonnes ou mauvaises, la dureté de la corne, son épaisseur, sa souplesse et sa direction d'où dépend l'avenir du pied. Le beau pied doit avoir la *sole* creuse, écailleuse et pas trop dure ; les barres doivent être solides et pas trop inclinées.

La *fourchette* très forte ne doit pas être trop molle; prise entre les talons et son rôle étant de les empêcher de se resserrer, elle ne doit pas être comprimée par eux, et doit paraître libre et maîtresse de la place dans laquelle elle doit se développer avec aisance et ampleur. La *fourchette* est, pour ainsi dire, le régulateur des aplombs du pied, et c'est sur la lacune médiane, qui la coupe en deux parties égales, que s'appuie l'œil exercé pour juger la hauteur du pourtour de la paroi en rapport avec le sol.

Le *sillon circulaire* est une bande de corne molle, blanche ou jaunâtre, qui entoure la sole et marque exactement sa soudure avec la paroi.

La *paroi* doit être très forte pour ne pas fléchir sous le poids du corps, très dure pour résister à l'usure quand le cheval est déferré et très épaisse pour recevoir les lames des clous.

Les beaux pieds sont rares, et nombreux sont les pieds défectueux.

Ils se divisent en quatre catégories :

1° Ceux qui manquent d'aplomb : ce sont les pieds panards, cagneux, de travers, pinçards rampins, à talons bas, à talons hauts, à talons fuyants.

2° Ceux qui ont une mauvaise corne : ce sont les pieds gras, maigres, cerclés, à paroi séparée de la sole, dérobés, à talons faibles.

3° Ceux qui sont mal conformés : pieds resserrés, plats, combles, longs en pince, encastelés.

4° Ceux qui manquent de proportion : pieds trop grands, trop petits, inégaux.

Pieds panards

Le pied panard a la pince tournée en dehors ; ce défaut, s'il est au bout d'un membre droit, est dû à la mauvaise ferrure ; le cheval, dont l'aplomb est ainsi faussé, souffre, se fatigue et tient mal le pavé.

Ferrure des pieds panards. — Il faut rectifier l'aplomb en abaissant le côté laissé trop haut et en donnant de la garniture au côté faible et rentré.

Si le pied est au bout d'un membre panard, il faut mettre le pied d'aplomb et tourner le pinçon en dedans.

Pieds cagneux

Le pied cagneux a la pointe du pied tournée en dedans ; c'est le défaut contraire aux précédents, dû aux mêmes causes et produisant des effets opposés ; le cheval cagneux ne se taille presque jamais, tandis que le cheval panard y est particulièrement exposé.

Ferrure des pieds cagneux. — Il faut appliquer au pied cagneux la ferrure renversée du pied panard.

Pieds de travers

Ce pied a été mal paré, il penche du côté le plus abaissé, ce côté se resserre, devient mince et le talon chevaucherait bientôt l'autre si l'on n'intervenait.

Ferrure des pieds de travers. — Il faut remettre le pied d'aplomb pour éviter les boiteries de toutes sortes et les déformations du sabot.

Pieds pinçards

Le pied pinçard a les barres droites, la fourchette remontée, la sole creuse, les talons, qui sont longs, ne portent quelquefois pas à terre, le cheval ne s'appuie que sur l'extrémité de la pince; la ferrure de ce pied est indiquée de plusieurs façons par les écrivains qui se sont succédés depuis deux siècles; les uns conseillent avec raison d'abattre les talons, d'allonger la pince et d'amincir les éponges, pour rejeter le poids en arrière, de façon à ramener les talons jusqu'au sol; les autres disent, avec non moins de raison, qu'une telle pratique est mauvaise, que le cheval se met sur la pince pour soulager ses tendons engorgés et fatigués et qu'en éloignant davantage du sol des talons qui n'y portent déjà pas, on accentue le défaut, et enfin qu'en rejetant le poids en arrière sur des tendons douloureux, on augmente le mal ; ils conseillent de ne jamais parer les talons, d'épaissir les éponges ou de mettre de hauts crampons; cependant ils reconnaissent que le pavage irrégulier des écuries facilite et produit même ce défaut d'aplomb ; ils recommandent, dans leurs ouvrages, de ne pas laisser sous les pieds de derrière des trous dans lesquels le cheval peut mettre la pointe de ses sabots, ce qui lui donne la mauvaise habitude de s'appuyer sur le bout de la pince et de tenir les talons éloignés du sol. Il résulte de cette observation qu'il ne faut pas toujours mettre des fers à crampons aux chevaux qui ont des dispositions à devenir pinçards ou qui le sont déjà, car si le pavage irrégulier rend le cheval pinçard en lui tenant les talons élevés, les crampons devront produire ce vice d'aplomb en tenant éloignés du sol les mêmes talons qui auront précisément été laissés très longs par le maréchal.

Ferrure des pieds pinçards.— Toutes les fois que le défaut d'aplomb est occasionné par la fatigue, que les tendons sont sensibles, engorgés ou seulement fatigués, que l'animal qui souffre se met sur le bout de ses pinces pour éviter toute manœuvre susceptible de tirailler sur ses tendons endoloris, il faut respecter les talons, mettre des fers pinçards portant des crampons dont la longueur est calculée sur le degré du mal, c'est-à-dire sur la distance qui sépare les talons du sol; ces longs crampons, qui forment un point d'appui élevé pour des talons qui ne peuvent descendre à terre, produisent l'effet d'un long talon à la chaussure d'un homme qui aurait une jambe trop courte; au contraire, il faut parer les talons, ménager et allonger la pince et mettre un fer à éponges amincies, toutes les fois que le cheval est jeune, qu'il n'est pas fatigué et que le défaut est acquis : 1° par la pratique journalière d'une mauvaise habitude que prend l'animal en mettant la pointe de ses pieds dans les interstices d'un pavage irrégulier ; 2° par une mauvaise ferrure, le maréchal a paré la pince et laissé croître démesurément les talons d'un *pied à talons hauts.*

Enfin quelquefois lorsqu'un jeune cheval prédisposé marche sans fers pendant plusieurs mois dans une prairie à sol dur, il peut devenir pinçard par le résultat d'une usure irrégulière; les talons grandissent et la pince s'use d'autant plus vite que le cheval n'appuie que sur cette partie du pied; le pied se dresse de plus en plus et finirait par devenir rampin.

Pieds rampins

C'est une exagération du pied pinçard, poussée à ce point que la paroi traîne sur le sol.

Ferrure des pieds rampins. — Il faut donner à ce pied un fer à pince prolongée avec de longs crampons si le cheval est vieux et fatigué ; s'il est jeune et que l'on veuille le redresser, mettre des crampons moins longs et les raccourcir à mesure que les talons s'approcheront du sol.

Pieds à talons bas et serrés

L'appui a été rejeté en arrière sur des talons trop parés ou naturellement bas qui, maintenant surchargés et écrasés, s'affaissent, se resserrent et ne poussent plus ; ce pied est sujet aux bleimes et aux décollements de quartiers.

Ferrure des pieds à talons bas et serrés. — Il faut rétablir l'aplomb en ramenant la charge en avant ; à chaque ferrure, parer la pince le plus possible, ne jamais toucher aux talons, laisser les barres fortes ainsi que la fourchette, destinées à maintenir l'écartement des talons : il faut mettre à ce pied un fer avec planche renforcée dans le milieu, de façon à former deux talus très inclinés sur lesquels reposeront les deux branches de la fourchette, afin qu'elles soient, chacune de leur côté, rejetées en dehors sous la pression causée par l'appui ; quand la fourchette est bonne, ce travail mécanique élargit les talons et les soulage d'autant plus que ceux-ci ne participent pas à l'appui. On doit pour obtenir plus facilement un résultat, graisser fortement la sole et la fourchette avec du goudron de Norvège et mettre de l'étoupe maintenue par une plaque en cuir.

Les fers à éponges renforcées de loin sont aussi indiqués ; ce fer rétablit l'aplomb en élevant les talons, mais il ne faut pas en abuser, le résultat est quelquefois mauvais : ces éponges font ressort, usent et rendent sensibles les talons en les frappant.

Pieds à talons hauts

Les pieds à talons hauts sont rares et le défaut n'est pas grave ; l'aplomb est cependant faussé, la pince porte trop de poids, la corne de cette région est souvent faible et sujette à se fendre, ce pied est exposé aux seimes de pince.

Ferrure des pieds à talons hauts. — Il faut, à chaque ferrure, rétablir l'aplomb en baissant les talons et donner à ce pied un fer à éponges amincies, portant des étampures en branches, quand la région de pince est trop faible pour recevoir les lames des clous. Avoir soin de brider le pinçon de façon à allonger la pince et rejeter le poids en arrière.

Pieds à talons fuyants

Les talons de ce pied sont très inclinés et le poids du corps est rejeté en arrière.

Ferrure des pieds à talons fuyants. — Il faut donner à ce pied un fer ordinaire à pinçon droit, de manière à remonter le fer le plus possible et à amener le point d'appui vers la pince.

Pieds gras

La corne du pied gras est sans résistance, très molle et douce à couper.

Ferrure des pieds gras. — Il faut lui donner une ferrure légère et employer des petits clous.

Pieds maigres

Ce pied, dont la paroi est très mince et très sensible, demande beaucoup de précautions.

Ferrure des pieds maigres. — Il faut lui donner une ferrure légère et employer des clous très déliés de lame; il est utile de placer dans le pied de l'étoupe, fortement imbibée de goudron de Norvège, maintenue par une plaque en cuir.

Pieds cerclés

Le pied est dit cerclé quand des sillons circulaires ondulés l'entourent ; ce pied est généralement sensible.

Ferrure des pieds cerclés. — Il faut enlever légèrement les saillies avec la râpe et le tenir gras. S'il y avait boiterie, on devrait mettre un fer mince avec plaque en cuir et étoupade goudronnée.

Pieds à paroi séparée de la sole

La paroi et la sole, qui devraient être intimement unies, sont séparées sur une plus ou moins grande longueur ; la crevasse qui en résulte est sans gravité si elle n'est pas profonde, mais si elle descend jusqu'à la chair elle détermine une boiterie.

Ferrure des pieds à paroi séparée de la sole. — Il faut dégager et appliquer un fer légèrement couvert et ne portant pas en face du mal, mettre une plaque en cuir et une étoupade goudronnée.

Pieds dérobés

Le pied est dit dérobé quand la paroi est éclatée par places ; la négligence dans l'entretien du pied et une mauvaise ferrure transforment un bon pied en un pied dérobé.

Cependant il est des pieds qui sont prédisposés à se dérober, ce sont les pieds qui ont été fourbus, les pieds gras ou maigres et à paroi séparée de la sole.

Ferrure des pieds dérobés. — Il faut faire tomber les éclats avec le rogne-pied, parer bien à plat et se servir d'un fer léger portant des étampures aux régions correspondant à la bonne corne.

Pieds à talons faibles

La corne n'a pas assez de résistance à la région des talons qui sont très faibles et sujets aux bleimes.

Ferrure des pieds à talons faibles. — Il faut employer un fer à éponges couvertes ou un fer à planche et tenir les talons bien goudronnés.

Pieds plats, combles ou fourbus

Le pied plat a la paroi, la sole et la fourchette au même niveau, il est plat comme une main ouverte ; le pied comble ou bombé est une exagération du pied plat, ce défaut est occasionné par la fourbure, la sole dépasse la paroi ; ce pied est sensible, sujet aux foulures, il ne pousse pas : sans une bonne ferrure, le cheval est incapable de faire un bon service ; le fer couvert, évidé en dessous est indiqué ; on se sert aussi dans les cas extrêmes de l'ancien fer à écuelle à bords renversés [1], ces fers sont trop lourds et trop encombrants, le fer Charlier leur est bien préférable.

Il est à remarquer que dans les pieds combles, les rôles sont renversés, la sole, qui devrait être creuse, porte à terre et la paroi, qui devrait être haute pour se présenter la première aux morsures du sol et préserver ainsi le reste du pied, n'existe que dans le haut du sabot ; le maréchal doit être assez habile pour faire cesser cette anomalie en remplaçant la paroi naturelle absente par une paroi métallique.

Ferrure des pieds combles. — Il faut faire une

---

(1) Chez les Compagnons Maréchaux-ferrants du Devoir de la ville de Paris est exposé un modèle parfait de ce fer très difficile à forger.

légère toilette à la sole et à la fourchette et mettre la paroi sur le même plan sans tenir compte de la hauteur de la sole, ensuite appliquer un fer Charlier très étroit et considérablement épaissi.

Lorsque ce travail est bien fait, la partie du fer qui touche à la paroi est de la même épaisseur que celle-ci; le métal est si bien ajusté à la corne que les deux parties semblent n'en faire qu'une, le pied paraît être muni d'une paroi naturelle d'une solidité et d'une beauté parfaites et, si l'on a eu soin de laisser entre le fer et la sole un millimètre d'intervalle, le cheval qui, tout-à-l'heure, ne tenait pas debout sur des moignons, pourra désormais entreprendre de longues courses; il tiendra bien le pavé et ses sabots pourront heurter violemment la terre sans qu'il en ressente aucune douleur.

Pieds longs en pince

Ce pied a les talons souvent fuyants, la pince est très allongée, la sole et la paroi sont minces en quartier.

Ferrure des pieds longs en pince. — Il faut mettre un fer un peu couvert, à pinçon droit et très incrusté, de manière à remonter le fer le plus possible, ferrer long en talon.

Pieds à un quartier resserré

C'est un défaut toujours acquis, l'aplomb a été faussé, le poids du corps a cessé de se répartir d'une façon régulière sur tout le pourtour du sabot ; le côté surchargé est devenu faible, il s'est resserré, s'est approché du centre de gravité, tandis que le côté opposé, devenu fort, s'est évasé et s'en est éloigné. Le quartier resserré est maigre et sujet aux seimes.

Ferrure des pieds à un quartier resserré. — Il faut rétablir l'aplomb en parant à fond le quartier devenu trop fort, employer un fer à une branche couverte et donner beaucoup de garniture au quartier rentré.

Pieds encastelés

Le pied encastelé est petit, droit et resserré à sa partie inférieure ; la fourchette, qui n'a pu résister à la pression des talons, est mince, étroite et remontée ; la sole est dure et creuse, les barres ne sont plus arc-boutées et n'offrent plus qu'une faible résistance au resserrement ; le cheval atteint d'encastelure souffre horriblement, ses sabots étant devenus trop petits. A l'écurie, il piétine sans cesse ; au départ, il hésite, le moindre choc éveille une douleur ; en marche, le pied s'échauffe et retrouve son aisance, mais au repos le mal se réveille et martyrise de nouveau l'animal.

La gravité de ce mal a particulièrement attiré l'attention des écrivains et des inventeurs et les moyens de le combattre sont plus nombreux qu'efficaces ; chez les Compagnons forgerons du Devoir, on trouve un fer à lunettes qui date de 1539, un demi-fer ou fer à croissant de 1690, un fer à pantoufle et à demi-pantoufle de 1720, et depuis cette époque les nombreux traités de maréchalerie indiquent tous des fers dilatateurs de genres différents, tels que les fers articulés, à crémaillère, à siège, à ajusture renversée, à ressorts et enfin le fer Charlier.

Ferrure des pieds encastelés. — Pour les pieds prédisposés, il faut prévenir ce mal en appliquant une ferrure rationnelle et hygiénique, il faut avoir la main légère en parant la sole, la fourchette et les barres, veiller à ce que l'ajusture des branches ne soit pas entolée et celle des éponges légèrement renversée.

Quand l'encastelure est acquise, que le cheval boite, il faut le déferrer, appliquer des cataplasmes et quand la chaleur du pied a disparu, le mettre en liberté sur un sol glaiseux et très humide ; quand il reprend son travail, il faut le ferrer avec des fers à pantoufles ou des fers à planche renforcés au milieu, ou des fers Charlier très minces ; il faut entretenir à l'écurie, sous ses pieds malades, un sol toujours mou.

Pieds trop grands

C'est un défaut naturel, plus disgracieux que nuisible ; cependant le cheval qui a des sabots trop grands, par rapport à ses membres, tient mal le pavé, il est maladroit, exposé à se tailler et à butter.

Ferrure des pieds trop grands. — Il faut employer des fers légers et ferrer juste sans resserrer le sabot.

Pieds trop petits

Ce défaut est naturel ou acquis, dans ce dernier cas, il est plus grave.

Ferrure des pieds trop petits. — Il faut donner aux pieds trop petits des fers minces et couverts, de manière à élargir la surface d'appui en laissant de la garniture.

Pieds inégaux

Le cheval a un pied plus petit que l'autre, ce défaut, qui est toujours acquis, est assez grave ; le pied le plus petit a été resserré par une cause quelconque ; il est faible, sensible et sujet aux boiteries.

Ferrure des pieds inégaux. — Il faut appliquer au plus petit un fer léger avec une bonne garniture, se servir de clous déliés de lame, donner au plus grand un fer ordinaire et ferrer juste.

FERRURES SPÉCIALES

Pour certaines tares et blessures des pieds et des membres

Bleime

La bleime est un écrasement ou un pincement de la chair des talons, qui suinte du sang et tache la corne correspondante ; on dit alors qu'il y a trace de bleime ou bleime sèche. Quand cette partie de corne est fortement imprégnée, qu'elle est mouillée de sang, on dit qu'il y a bleime humide, et quand il en sort du pus la bleime est dite suppurée ; elle détermine alors une boiterie, quelquefois très grave, dont le traitement est du ressort du vétérinaire.

La bleime est quelquefois produite par un fer à éponges renforcées, que l'on applique sur un pied à talons bas pour rétablir l'aplomb ; cette ferrure, qui se pratique beaucoup, est mauvaise ; il y a toujours du jeu entre les talons et les éponges qui, à chaque pas, viennent frapper les talons comme deux marteaux, en usant la corne de cette région qui s'abaisse de plus en plus et ne tarde pas à devenir sensible et bleimeuse par l'écrasement de la chair correspondante ; dans ce cas, on doit immédiatement supprimer le fer à éponges et appliquer un fer à planche avec une plaque en cuir, après avoir placé dans le pied de l'étoupe goudronnée : la planche doit appuyer en plein sur la fourchette et, si cette dernière est bonne, tout le poids sera porté par elle ; les talons, ne participant plus à l'appui seront, de ce fait même, soulagés et pourront pousser, s'élargir et se développer.

D'autres fois, la bleime est occasionnée par un pincement qui se produit entre la barre trop inclinée et la corne des talons resserrés ; cette bleime, qui est la plus commune, est la plus grave, car il ne suffit plus dès lors de supprimer un fer qui cause le mal, il faut entreprendre un travail mécanique, de précision, toujours très long; il faut redresser les barres, élargir les talons, et cela avant qu'il y ait boiterie ; les ferrures qui conviennent sont celles indiquées pour les pieds encastelés, mais principalement celle dite à pantoufles, c'est-à-dire, à éponges renversées; comme dans le cas précédent, il faut tenir les talons gras et souples.

Seime

La Seime est une fente qui se produit dans toute l'épaisseur de la paroi; la véritable seime part du bourrelet et descend vers la partie inférieure, le sabot se sépare, pour ainsi dire, en deux : le sang et la chair passent à travers cette fente qui s'ouvre et se referme quand le cheval marche ; ces pincements éveillent une douleur intense et déterminent une boiterie qui arrête bientôt l'animal; les fentes de la paroi, qui partent d'en bas pour remonter quelquefois jusqu'au milieu du sabot, sont sans gravité et sans aucun danger, si elle ne sont pas négligées. La seime se déclare sur la partie du pied la plus faible, le poids énorme qui, par défaut d'aplomb, s'est abattu sur cette région du sabot, a considérablement retardé la secrétion de la corne au point correspondant du bourrelet qui, de plus en plus fatigué, a produit une paroi de moins en moins épaisse, jusqu'au moment où cette dernière a cédé en se déchirant dans le sens de sa longueur.

Généralement une bonne ferrure suffit pour arrêter les seimes les plus rebelles et rendre à la partie faible sa force primitive; il faut, comme dans beaucoup d'affections du sabot, soulager le côté malade en rejetant le poids du corps sur le côté opposé ; si la seime est en pince, il faut allonger cette partie du pied, en y donnant de la garniture, pour ramener le poids en arrière et appliquer un fer muni de deux forts pinçons pour empêcher l'écartement ; si la seime est sur le quartier interne, il faut laisser ce côté haut, donner de la garniture en dedans, pour rejeter le poids en dehors, et inversement si la seime est sur le côté externe.

Au début et avant que le cheval boite, il faut brocher deux ou trois clous en travers, soit pour empêcher la corne de se séparer davantage, soit pour coudre ensemble les deux parties déjà séparées.

En général, les maladies et blessures des pieds et des membres rendent tout appui douloureux ; le cheval se pose mal quand il souffre soit d'une forme, soit d'un éparvin, d'un jardon, soit enfin de toutes tares.

Le maréchal qui connaît son métier est immédiatement renseigné sur le travail qu'il doit faire par l'attitude anormale que prend le cheval dans ces différents cas; ainsi, par exemple, un cheval qui a des crevasses profondes dans les paturons cherche à maintenir ses talons hauts, ce qui indique parfaitement que, s'il avait des fortes éponges ou des crampons, il pourrait se soulager sans se fatiguer ; l'ouvrier habile ne manquera pas de rejeter l'appui en dedans du pied quand celui-ci sera porteur d'une forme en dehors, et au contraire il rejettera le poids en dehors si la forme est en dedans; si elle est placée sur le devant de la couronne, il mettra un pinçon bridé, ferrera long en pince, en rejetant le poids en arrière, et diminuera ainsi la fatigue pour le côté douloureux. Il en est de même pour les courbes éparvins, enfin pour toutes les tares dures ou molles, vieilles ou en formation.

Il faut autant que possible, par une ferrure bien comprise, conserver aux pieds et aux membres leur souplesse et leur élasticité. Cette grande tâche doit être l'objet de toute la sollicitude de l'ouvrier : il doit se souvenir que la moindre erreur de sa part peut fausser l'aplomb et changer la bonne conformation du pied, qu'un seul coup de boutoir donné de travers peut, en détruisant l'aplomb, déranger la marche, détériorer les pieds, tarer les membres, et, par suite, condamner le cheval à toujours souffrir et le rendre incapable de faire un bon service. Il doit inspecter à chaque ferrure les pieds et les membres, s'assurer que les aplombs ne sont pas défectueux, voir s'il n'y a pas quelques tares en formation, afin d'éviter toute blessure et prévenir toute infirmité.

Irrégularités de la marche

Les irrégularités de la marche réclament aussi des ferrures spéciales.

Le cheval qui *butte* doit avoir les pieds parés souvent ; il faut relever la pince avec soin, laisser les talons hauts, employer un fer mince à pince légèrement couverte ; les têtes des clous doivent être petites et ne pas excéder le fer.

Le cheval qui *forge* fait entendre un bruit désagréable, produit par le choc des pieds de derrière qui heurtent ceux de devant; il est rationnel de raccourcir la portée des pieds postérieurs en leur donnant des fers à crampons et d'activer le lever des pieds antérieurs en leur laissant les talons hauts et en leur appliquant des fers légers ; ferrer court est mauvais, on rejette ainsi le poids du corps sur les tendons. Quand le cheval forge en voûte, il faut évider les fers de devant en pince, du côté des étampures. Le fer à croissant produit d'excellents résultats, quand la conformation des pieds permet de s'en servir; mais il faut de préférence employer le fer Charlier qui, très léger et très étroit, réunit les deux conditions essentielles. Il est indispensable d'appliquer aux pieds de derrière des fers à pince tronquée et de laisser déborder à la pointe du pied la partie de corne qui doit frapper contre le fer du pied de devant; le choc est ainsi amorti et le bruit qui se produit est à peine perceptible.

Le cheval qui se *croise* doit être ferré juste, il serait imprudent de mettre un crampon à la branche interne de ses fers, il faut le remplacer par une éponge arrondie.

Le cheval se *taille* quand il n'est pas d'aplomb, quelquefois aussi quand il est faible et surmené; dans ce cas, il suffit de lui faire faire un travail régulier, de l'entraîner progressivement et de lui apprendre à marcher, sans trop le fatiguer; mais, l'intervention du maréchal est nécessaire, il doit, s'il y a lieu, rétablir l'aplomb et employer des fers à la turque ou de préférence des fers à mamelle où à branche tronquée.

Le cheval qui se *couche en vache* doit avoir un fer à une éponge tronquée.

FERRURES POUR VICES D'APLOMB

Campé du devant

Le cheval qui se campe du devant et en même temps s'engage du derrière pour soulager ses membres antérieurs révèle par cette attitude anormale une certaine fatigue, une souffrance du côté de l'avant-main. Le maréchal doit inspecter avec soin les pieds de devant qui sont bien souvent atteints d'encastelure ou de tout autre resserrement ; dans ces cas, il doit appliquer les fers conseillés pour ces différentes défectuosités.

Campé du derrière

Comme pour les membres antérieurs, il faut examiner avec attention les causes qui forcent le cheval à se tenir dans cette position ; si c'est un défaut de nature, il faut lui donner un genre de fer en rapport avec ce défaut d'aplomb ; si ce défaut est causé par une souffrance, en rechercher la cause et y remédier.

Lorsqu'un cheval est campé du devant ou des

quatre membres et que cette attitude est due au dressage, elle est à tous les points, très avantageuse.

Sous-lui de devant

Ce cheval est exposé à butter, à s'abattre. Il faut lui mettre un fer à pince relevée et à branches progressivement nourries et un peu longues si les talons sont bas.

Sous-lui de derrière

Ne pas abattre les talons, parer la pince, remonter le fer et incruster à fond le pinçon; ou ferrer à pince tronquée, pour rejeter le poids sur la pince et soulager les tendons et les talons.

Brassicourt

Ce cheval a les genoux portés en avant ; c'est un défaut de nature. Le cheval brassicourt est sujet à devenir arqué. Il faut ferrer long en pince, laisser la paroi forte, mettre un pinçon bridé et relever la pince, de façon à empêcher le défaut de s'accentuer.

Arqué

Ce cheval a l'allure raccourcie, ses pieds rasent le sol, il est peu solide et butte souvent. Il faut laisser croître les talons, les mettre en proportion avec la conformation du pied et l'aplomb du membre, mettre un fer à pince relevée dont l'ajusture tende à imiter l'usure naturelle; si les talons sont bas, les éponges sont quelquefois utiles.

FERRURE A LA MARCHANDE

Le nom de cette ferrure indique au maréchal ce qu'on attend de lui; il doit puiser aux sources de son art les moyens efficaces pour rendre invisibles les défectuosités du sabot; il doit employer ces moyens avec une telle habileté que l'œil le plus exercé ne perçoive rien d'anormal dans son travail. S'il efface les cercles du sabot, il doit avoir soin de ne laisser aucune trace de râpe et de polir la corne; si, à des pieds plats à talons bas, il met des fers à éponges renforcées, il faut qu'il donne un bon chanfrein au marteau, côté externe des étampures, depuis le milieu des branches jusqu'au bout de l'éponge, qu'il évide son fer de façon à rendre son ajusture invisible et en même temps faire paraître le pied plus creux.

Les moyens sont d'autant plus nombreux que les pieds sont presque toujours défectueux; il est d'un usage courant d'employer les artifices les plus subtils pour cacher les défauts d'un pied et lui donner, en apparence, des qualités et des aplombs qu'il n'a pas. La maréchalerie se prête admirablement bien à ce genre de travail et, si elle n'a pas été inventée pour cela, elle semble, du moins, avoir été employée de bonne heure à cet effet, si l'on en croit ces mauvais vers tirés de la légende :

Le bon roi Dagobert, si j'en crois la légende,
Fit conduire un beau jour son palefroi fourbu
Chez le grand forgeron, le maître Saint-Eloi ;
L'artiste inspiré fit la ferrure marchande
Et le noble coursier fut aussitôt pourvu
De sabots bien d'aplomb, durs et de bon aloi.

Plaques

Les plaques sont des semelles de tôle ou de cuir que l'on place entre le fer et le pied pour préserver ce dernier contre les atteintes des cailloux, des clous de rue ou tout autre corps dur susceptible de blesser les parties du pied en contact avec le sol. La plaque métallique, qui doit être très mince, résiste mal et manque d'élasticité, les chocs qu'elle reçoit sont marqués par autant de bosselures toujours nuisibles et souvent capables de déterminer une boiterie en comprimant la sole; enfin, cette plaque qui présente tant d'inconvénients, n'a même pas l'avantage de durer plus longtemps que la plaque en cuir. Cette dernière, malgré son prix élevé, doit être toujours employée; sa résistance élastique en fait un protecteur de premier ordre; employée pour maintenir une étoupade goudronnée, elle forme avec cette matelassure un manchon moelleux dans l'épaisseur duquel viennent s'amortir les chocs et se perdre les trépidations; au point de vue de la conservation du pied, elle joue un rôle considérable en préservant les talons de la morsure des éponges. « Quand on déferre un pied de devant, on remarque une trace d'usure sur la face supérieure des extrémités du fer; cette usure est occasionnée par le jeu qui existe entre ces extrémités appelées éponges et les parties correspondantes du pied appelées talons qui, pour user le fer, ont dû accomplir un travail considérable et s'user d'autant plus eux-mêmes que la corne est infiniment moins dure que le métal contre lequel elle a frotté pendant toute la durée de la ferrure. » On devrait donc, chaque fois que l'on veut obtenir des talons hauts, placer entre eux et le fer une plaque en cuir pour éviter cette usure continuelle qui, en entretenant les talons bas, faibles, sensibles et bleimeux, faussent les aplombs.

Graissage des pieds

Le graissage est utile pour les pieds bons, indispensable pour ceux qui sont défectueux; tant qu'un pied vierge est abandonné aux soins de la nature, cette opération s'accomplit d'elle-même, le bourrelet sécrète un vernis onctueux, imperméable, appelé *périople,* qui s'étend sur toute la paroi et préserve le sabot contre la sécheresse et l'humidité. A l'état domestique, le périople protecteur est détruit par la terre des labours, la boue et la poussière des routes; il faut, au moyen de graissage, rendre au sabot, ce qu'il a perdu dans ces différents services, c'est-à-dire, remplacer le périople disparu par une légère couche d'onguent de pied.

Dressage du cheval

En plus de son habileté professionnelle pour le ferrage, le maréchal doit avoir une connaissance approfondie du caractère des animaux, tantôt doux, tantôt fougueux, au milieu desquels il passe sa vie; il doit savoir que le moindre mouvement de colère de sa part, marqué par un cri ou un geste, peut occasionner un accident, que l'animal le plus doux peut devenir subitement intraitable, de même qu'un animal, jusque-là inabordable, peut se corriger entre les mains d'un ouvrier qui sait juger sa bête et comprend ce qui peut l'irriter et ce qui doit infailliblement la calmer; quelquefois ce sont les chevaux les plus méchants qui résistent le moins au dressage, quand il est imposé avec douceur et persévérance.

Jamais on ne doit se laisser aller à l'emportement, jamais on ne doit frapper un cheval; c'est une mauvaise action de battre un animal qui passe sa vie à accomplir les plus durs travaux et qui se laisserait mutiler les chairs et briser les os sans pouvoir manifester sa douleur par le moindre cri, par la plus petite plainte.

Quand on a à ferrer un cheval méchant qui mord, qui frappe du derrière et du devant, il faut le prévenir par la parole; et, sans gestes, l'approcher en marchant vers l'épaule, lui mettre une main à la bride, puis, sans crainte, se maintenir droit à côté de lui, toujours à côté et tout près de la jambe antérieure, jusqu'à ce que par des caresses on lui ait inspiré un peu de confiance, ce qui, la plupart du temps, suffit à lui rendre momentanément un peu de cette docilité, propre à sa race, qu'on lui a probablement fait perdre en le maltraitant et en le mettant dans la nécessité de se défendre. La méchanceté du cheval n'est qu'une mauvaise habitude, un vice qu'il a acquis par son contact avec des hommes dont la douceur était leur moindre défaut. En résumé, il faut se souvenir que, dans tous les cas et toujours, quelques caresses et de la patience font plus dans une heure que la force et la brutalité dans un jour.

Quand le cheval est calmé, on le caresse en laissant glisser la main jusqu'au canon que l'on saisit doucement en essayant de lever le pied et, si l'animal résiste, il faut recommencer patiemment jusqu'à ce qu'il soit complètement rassuré.

Meulan. — Imp. A. Réty.

www.ingramcontent.com/pod-product-compliance
Ingram Content Group UK Ltd.
Pitfield, Milton Keynes, MK11 3LW, UK
UKHW021039180726
13838UKWH00004B/1889